U0085499

集 40 年麵包製作體悟的關鍵重點，將志賀流的美味秘密全部分享！

志賀勝榮的麵包
Signifiant Signigié
對美味的極致追求

出版菊

前言

時強、時弱、時緩。

35年，短暫的35年，製作著麵包一路走來。

不知不覺中，被稱為中堅分子；再回首，就被稱為老手了。

即使如此熱情依然不減，仍如當年的熱血少年一般。

最近開始煩惱，覺得失禮有愧。

被視為現今優秀的指導者，那麼，相對於不斷努力在錯誤中精益求精者的熱情，

有什麼可以教授傳承、回饋分享給大家的呢？

　　不追求名

　　年輕

　　樂在清貧

我想這或許正是麵包製作的熱情來源。

如同現在的我，每天在麵包製作之中持續追求著美味，

對於不斷燃燒熱情的麵包製作者而言，

若本書能為您在麵包製作上帶來任何小小的提示，都將會是我莫大的榮幸。

　　　　　　　　　　　　　　　　　　　　　Signifiant Signigieé　　志賀勝榮

我的麵包製作

　　大家看了本書的食譜配方就能夠瞭解，我的麵包配方中水分分量較多，而酵母的比例則是極微。這是利用像遊走在玻璃杯邊緣般微妙、且恰如其分的配方比例，所製作出的美好滋味。

　　極少的酵母分量、以低溫和緩慢長時間的發酵，所製作出的麵包，就像是回復到尚未開發出酵母的時代，與先人們花上幾天的長時間製作，烘烤出麵包的方法相同。以義大利的潘娜朵妮（Panettone）為代表，僅利用天然酵母，使高糖油配方的麵團發酵，應該不是件簡單的事。在能用更短時間完成麵包製作的今天，花長時間製作，這件重要但即將被遺忘的事，我更希望大家能夠珍視。

　　被稱為最後的宮大工棟樑－西岡常一先生的著作中，曾經提到「以樹齡500年的樹木來建造，房子也可以保存500年；以樹齡1000年的樹木來建造，則房子也可以留存1000年」。

　　麵包也是相同的道理。下工夫花時間地培養製作，烘烤後的美味也更能持久。這不也正如同麵包，以低溫長時間發酵的作法相同嗎。

　　發酵麵包的製作方法，從埃及傳至古希臘。當時麵包製作的基本已然成型，在時代的傳承之中，隨著材料的用心及進化，美味、口感及其便利性都不斷地進步。由材料方面所形成的創意及巧思，幾乎都已經順利地演進了。也更因為如此，現在追求的美味麵包，可以說重點在於麵包培育的環境，以及窮究發酵的作業，更加重視製作過程的管理。

　　依材料、麵包製作的環境、揉和方式，發酵的進行也會因此而不同。雖然會因為麵包的種類而有所差異，但酵母所帶來的風味、酵素及乳酸菌...等，在麵團中蘊釀出的美味，最恰如其分的時間可視為12~24小時，溫度約是12~20℃。揉和幾分鐘、發酵幾分鐘...等，不拘泥於數字地，以自己的眼睛來確認麵團狀態，請勿錯過其變化地加以調整。

　　持續追求自己心目中理想的麵包，直到能夠推算出材料、酵母等完美的比例，就能完成屬於自己的獨特配方了。

關於本書的食譜

　　本書當中，從可以做為點心、輕食的麵包，到能夠當作禮物送給最重要親友的糕點，使用甜麵團、加入香甜食材的Signifiant Signigié甜麵包都收錄在其中。

　　在我個人擔任「Patisserie Peltier」和「Fortnum & Mason」麵包師時，開始製作出多種甜麵包。書中介紹的大納言法國長棍麵包就是其中之一。Signifiant Signigié雖是以餐食麵包為主，但搭配了甜味食材所製作的甜麵包，也是不可或缺的品項。依季節更替再推出新的種類。

　　本書的食譜，獻給想要瞭解專家的製作重點訣竅、想要製作出較平時所做更美味的麵包、想提升自己製作層次的各位。不是任誰都能簡單製作出來的食譜配方。而且不僅只是傳遞麵包的製作方法，更將為什麼此作業如此必要、添加某一材料的意義及時機等，藉著搭配能清楚看出麵團變化的照片，詳盡仔細的說明介紹。

　　在Signifiant Signigié，幾乎不使用乾燥酵母菌，本書中為了方便製作，將食譜換成了使用乾燥酵母菌的配方。

　　因食材、季節、麵包製作環境的不同，或許有時候無法如預期般順利完成。這時候，請將自己的熱情用於多花些工夫、多進行幾次挑戰。再將食材或麵包種類變化成自己所想要的。如此一來，在烘烤出〝美味〞麵包的同時，也擁有自己原創的配方，成為自己獨特的私房食譜。

使用本書時請務必瞭解 · · ·

材料請使用微量秤等正確地進行量測。

材料用公克(g)與烘焙比例來標示。各個麵包都採麵粉500g的分量。

確認麵粉的種類後，就能知道必要水分的分量了。

乾燥酵母菌的分量改變時，發酵時間也會隨之不同。

發酵狀況，會因環境而有很大的變化。麵包的狀態請不要忘了用自己的雙眼來確認。

濕度是避免麵團乾燥的必要條件。

沒有發酵室時，在室溫下發酵，時間會依環境而有大幅變化。只有必須長時間發酵的麵包，會標記出沒有發酵室時，可用冰箱的蔬果保鮮室，或以室溫發酵的參考時間。

各別標記出使用電烤箱與Signifiant Signigié的烤箱烘烤時，烤箱的溫度及時間。

第1章

以高成份 RICH 類麵團製作的 Signifiant Signigié 甜麵包

第2章

少量乾燥酵母菌及長時間發酵製作而成

以硬質麵包麵團製作的甜麵包

第3章

Signifiant Signigié 原創麵團製作的甜麵包

關於材料的處理及工具

材 料

乾燥酵母菌

本書使用的乾燥酵母菌是法國 saf 公司的產品。使用的是表層沒有包覆維生素 C，無需預備發酵的產品。

麵粉

請保持麵粉的新鮮並在過篩後使用。藉由過篩使麵粉更容易吸收水分，也比較不容易發生硬結成塊的狀況。

關於粉類的特徵以及混搭

不需要過度將焦點放在蛋白質及灰分的成分上，試著以自己實際使用的經驗來掌握麵粉的特徵。

乾燥水果或堅果類

直接將乾燥水果或堅果加入麵團時，會吸收掉麵包所需的水分，因此必須預先使乾燥水果或堅果飽含水分後，再瀝乾水分使用。添加的時間點會因狀況而有所不同，請依麵包種類加以變化。

麥芽糖漿液

將麥芽精與水以 1:1 稀釋後使用。

水

水的硬度(鎂與鈣溶於水中的離子濃度)對於麵包的製作有很大的影響。因為鎂與鈣具有促進酵母和酵素之作用。在 Signifiant Signigié 店內，會依麵包種類而改變海洋深層水的使用量。也有完全不使用海洋深層水的麵包。

有機細砂糖　　　　細砂糖　　　　自然鹽

鹽與砂糖

砂糖與鹽的味道及分量的必然性，簡而言之，就像是在西瓜上撒少許的食鹽，或是像在煮紅豆時加入少許食鹽般的感覺。所謂的甜或是鹹，有著主角與配角的主從關係，是相互襯托的存在。麵團的彈性較大時，食鹽添加大於 0.1%，分量的必然性或風味的差別也會更加顯現。砂糖則是添加大於 1%，風味就會有所改變。利用嚐試各種食物來鍛鍊自己的味蕾，並試著重組搭配出自己覺得美味的比例。

奶油等油脂類的作用

小麥的蛋白質和奶油添加分量的平衡，是產生各種口感的魔法之一。根據想要完成的風味，添加分量也會隨之不同，這就像是沒有正確答案的方程式。因此我個人認為應該捨棄一般固定既有的概念。因為添加了大量奶油所以必須使用高筋麵粉，絕對不是劃上等號的法則。

添加牛奶的效果

牛奶會因麵包所需的特徵而有不同的使用方法。例如庫克洛夫SS風格（請參照P.76~79），使用牛奶可以讓水分不易產生分離，也能有效地讓高成份RICH類麵團變得更加柔軟。用於番紅花甜麵包（請參照P.18~23）時，牛奶的乳脂肪成分能夠包覆住番紅花的香氣，將香味鎖在麵包之中。

工 具

攪拌機

即使是相同的分量，攪拌機缽盆的容量不同時，吸水程度或麵團揉和完成時的狀態也會因而不同。攪拌機有直立型攪拌機、臥式攪拌機（Horizontal mixer）以及螺旋式攪拌機（Spiral mixer）、傾斜式攪拌機（Slant Mixer）等。適用於製作本書食譜，是可以使用較柔和力道的攪拌機。

Signifiant Signigié 店內使用的攪拌機是雙槳攪拌機（Double Arm Mixer）與螺旋式攪拌機

烤箱

烤箱分為瓦斯烤箱、電烤箱、旋風烤箱（Convection Oven）等，各式各樣的類型和機種。烤箱不同，烘烤出的成品也會因而不同。必須瞭解烤箱的特性，並且將其調整成能烘烤出自己理想中的麵包。沒有蒸氣機能時，可以在靠近烤箱開口附近噴灑水霧後再放入麵團，麵團上也請噴灑上水霧。必須注意的是為避免烤箱內溫度下降，應立即關閉箱門。沒有蒸氣機能時，麵團比較容易產生延展不佳或表皮過厚的狀況。

Signifiant Signigié 店內使用的是HEIN公司的瓦斯烤箱。

麵包墊

製作水分含量較多的麵包時，特別是平坦的工作檯會更不容易進行作業。因為兩者之間沒有空隙，會使得麵團易於沾黏。請選用麵包墊或樹脂砧板等來進行。

Signifiant Signigié 店內使用的麵包墊＝寬58cm、長2m30cm

發酵箱

是能夠設定溫度與濕度的保存箱。從冷凍至發酵都能對麵團進行溫度管理的麵團溫度調整機器（Dough Conditioner）。

關於麵粉

在日本，麵粉以蛋白質含量多寡依序分為低筋麵粉、中筋麵粉、高筋麵粉。

而又依其各別的灰分質來區分等級。

麵包製作上，雖然一般認為適合使用高筋麵粉，但並不是低筋麵粉就無法製作麵包。最重要的是，先思考自己想要製作完成的是什麼樣的麵包。

先清空腦海中對於麵粉所有的既定概念，不要有先入為主的想法，試著用自己有興趣的麵粉來製作。在過程中一定能夠測試出至今從未想過的全新體驗。

本書使用的麵粉種類

スリーグッド
3 GOOD

特高筋麵粉

Mont Blanc

法國麵包用中筋麵粉

Type 65

法國產麵粉

Bio Type 65

有機的法國產麵粉

Bio Type 80

石臼碾磨的有機法國產麵粉

グリストミル
Grist Mill

石臼碾磨的麵包用高筋麵粉

Classic

法國麵包用中筋麵粉

キタノカオリブレンド
Kitanokaori Blend

北海道產高筋麵粉

ペチカ
Petika

北美產高筋麵粉

Spelt
斯佩爾特麵粉

古代小麥粉

ヴァンガーラント
Wangerland

裸麥粉

全麥麵粉

表皮、胚芽、胚乳
一起碾磨成的麵粉

＊ 無論是日本國產小麥或進口小麥，未進行商品線上試驗的麵粉，即使品種相同，
  也會因收成的年度而有不同的品質。

＊ 麵包製作時的手粉，全都使用 Mont Blanc。

製作法國長棍麵包的老麵

若是添加老麵來製作，可以作出與直接使用乾燥酵母菌，
完全不同風味的麵包。

材料（粉類500g分量）

Mont Blanc （法國麵包用中筋麵粉）	500g	100%
鹽	10g	2%
麥芽糖漿液（稀釋比例1:1）	4g	0.8%
乾燥酵母菌	2g	0.4%
水	365g	73%

揉和　揉和完成時的溫度23℃

1　在水中混入鹽與麥芽糖漿液混拌均勻。

2　將麵粉與乾燥酵母菌放入塑膠袋內，束緊開口
　　處，前後左右搖動使其混合。

3　在缽盆的一側放入粉類，另一側加入 **1**，像製作
　　天婦羅麵衣般地用指尖推散，邊壓散粉類邊進行
　　混拌。避免粉類結塊地用刮板刮下沾黏在缽盆邊
　　緣的粉使其混拌均勻。接著用手彷彿撕開麵團般
　　地揉和。揉和完成的指標，是麵團略硬且能自然
　　整合成塊的程度。

一次發酵

4　將 **3** 移至用酒精消毒過的缽盆內，放入28℃（濕度
　　80%）的發酵箱內90分鐘，進行一次發酵。

＊　沒有發酵箱時，可以用塑膠袋等覆蓋，放置於
　　28℃（略微溫暖處）室溫下使其發酵。

5　在缽盆中的麵團上撒些麵粉（分量外的中筋麵
　　粉），翻轉缽盆等待麵團自然落下。

6　壓平排氣。進行三折疊後再對折整合麵團。

最後發酵

7　放入28℃（濕度80%）的發酵箱內90分鐘，進
　　行最後發酵。

＊　沒有發酵箱時，可以用塑膠袋等覆蓋，放置於
　　28℃（略微溫暖處）室溫下使其發酵。

8　保存於冰箱內。

＊　使用附有蓋子的保鮮盒也很方便。

關於法國長棍麵包的老麵 · · ·

在本書中使用的老麵是發酵了 3 小時的法國長棍麵包麵團。
依其發酵的環境變化，也有必要對發酵時間進行若干的調整。
完成時的老麵請放入冰箱中保存使用。前一天、或前兩天，
在使用方法上的差別，是基於我個人的考量，因時間而使老
麵的pH值產生微妙的變化，也可視為增添麵包風味的作用。

1 混拌

2 混拌粉類

3 混拌 1 和 2

揉和

完成揉和

4, 5 一次發酵後

6 壓平排氣

7, 8 最後發酵後

1
la pâte
riche

第 1 章
以高成份 RICH 類麵團製作的
Signifiant Signigié 甜麵包

不製作外皮、不過度揉和、不受限於麵包製作的常識，
在此介紹的是使用 Signifiant Signigié 原創高成份 RICH 類麵團的新口感甜麵包。
連過去常見的巧克力麵包或果醬麵包等點心類麵包，都以獨特的方式來呈現。

像麵包又像糕點般新口感的蜜桃甜麵包
北歐的聖誕麵包
高成份 RICH 類配方的巧克力麵包
肉桂卷
渦卷狀的果醬麵包
大師相傳的牛奶麵包卷

蜜桃甜麵包 Gâteau Des La Pêche

加入了糖煮蜜桃的甜麵包

像麵包又像糕點般的新口感。

製作時最大的重點就在於不要過度操作麵團。更接近麵包的感覺。

完成後，請像蛋糕般放涼再享用。

準備

> **製作白蘭地糖漿。（方便製作的分量）**

在鍋中放入有機細砂糖800g和水600g，以小火煮至溶化。去除浮渣乾淨後，加入400g白蘭地熄火。完成的白蘭地糖漿請放入密閉容器內，可保存在冰箱約1個月。少量製作時請參考此比例。

> **製作糖煮蜜桃。（方便製作的分量）**

桃子對半切開，去核。桃子、檸檬汁、細砂糖、蜂蜜各適量地放入鍋中，蓋上鍋蓋以小火加熱。煮至沸騰後，掀蓋撈除浮渣並改以中火熬煮。當桃子外皮剝離時，連同糖漿一起冷卻。剝除外皮後，將桃子切成每塊約10g的大小。切的塊狀過大時，會因過重而沈入麵團底部，導致烘烤完成時上部產生空洞，必須多加留意。新鮮桃子會因品種和季節不同，水分含量也有所差異，所以比例可依個人喜好來調整。使用罐頭蜜桃時，倒掉市售罐頭內的湯汁，以水和砂糖1：1的比例製作糖漿，並加入1支香草莢迅速地重新煮沸。

> **預備木片模 pani moule**

放入木片模型中烘烤，是為了不要烤出外皮。糖煮蜜桃因具重量，所以勿用過大的模型而請以小模型來烘烤。本書使用的是長12cm、寬10.5cm、高7cm的木片模。

材料（粉類500g、6個分量）

3 GOOD（高筋麵粉）	150g	30%
Mont Blanc（法國麵包用中筋麵粉）	150g	30%
Type 65（法國產麵粉）	100g	20%
栗子粉（義大利皮埃蒙特產栗子粉）	100g	20%
鹽	8.5g	1.7%
有機細砂糖	50g	10%
法國長棍麵包的老麵 ＊製作好前2日的麵團（請參照P.11）	70g	14%
蛋黃	150g	30%
無糖優格	150g	30%
香草莢（僅用香草籽）	1根	—

牛奶＊第1次 ＊牛奶分2次加入	50g	10%

後續添加材料

牛奶＊第2次	30g	6%
有機細砂糖	100g	20%
奶油	250g	50%
糖煮蜜桃	420g	84%

完成用

白蘭地糖漿	240g	—

揉和　揉和完成時的溫度22℃

1 除了後續添加材料與完成用的材料之外(包括牛奶第1次的50g)，全都放入攪拌機鉢盆中，以低速攪打至粉類完全滲入吸收為止，接著改以中速攪打至9分的程度。

＊ Signifiant Signigié店內，螺旋式攪拌機是採低速3分鐘、中速10分鐘。但依攪拌機的機種不同，攪拌揉和的力道也會有很大的差異，因此攪拌揉和的時間及力道程度，別忘了請自行以目視確認調整。

＊ 牛奶一開始就加入全部分量，會使得麵團變得過度柔軟，因此第2次添加的時間點是在麵筋組織完成後才加入。

2 麵筋組織完成後，加入牛奶(第2次30g)揉和，接著再加入有機細砂糖和奶油以低速緩慢攪打，揉和至奶油完全融入為止。

＊ 為了放入麵團時溫度不致升高，奶油不放置於常溫而是在冰冷狀態下，用擀麵棍敲打後加入。

一次發酵

3 揉和完成的麵團放入17℃(濕度90%)的發酵箱內約15小時，進行一次發酵。發酵的指標，就像照片般麵團膨脹成1.2倍左右。

＊ 沒有發酵箱時，可以將麵團移至鉢盆再覆蓋上塑膠袋等，放置於25℃左右的室溫中約3小時，再放入5℃的環境中(冰箱的蔬果保鮮室)約12小時，使其發酵。

分割・滾圓・整型
(1個分量麵團160g、糖煮蜜糖70g)

4 在麵包墊表面撒上適量的手粉(分量外的中筋麵粉)，用手將麵粉按壓至麵包墊般地推開。

5 在鉢盆內麵團表面撒上麵粉(分量外的中筋麵粉)，以刮板沿著鉢盆邊緣插入幾次使側面麵團剝離鉢盆，倒扣鉢盆等待麵團自然落下。避免麵團沾黏地在表面撒上麵粉(分量外)，將其分割成每個160g大小，輕輕整合麵團。不進行中間發酵。

6 在麵包墊上用手將麵團推展開。將糖煮蜜桃分散放置在麵團上，由身體方向朝外側捲起。接口處朝下地變換角度，捲好的麵團用手壓平，再次放置糖煮蜜桃並捲起。

7 閉合底部及兩端的麵團，接口處朝下地放入木片模當中。

最後發酵

8 放入28℃(濕度80%)的發酵箱內2～3小時，進行最後發酵。最後發酵的指標是麵團膨脹成1.5倍。

＊ 沒有發酵箱時，為避免麵團乾燥可以用帆布巾等覆蓋，放置於28℃(略微溫暖之處)室溫下使其發酵。

烘烤

9 放入180℃的烤箱內烘烤40分鐘。

＊ Signifiant Signigié店內是以210℃的烤箱烘烤40分鐘。

完成

10 放涼後，每個麵包以40g的白蘭地糖漿浸泡使其滲入。
放入冰箱冰涼後食用。

2 揉和完成

3 一次發酵後

4 在麵包墊上撒上手粉

5 撒上麵粉。
沿著缽盆邊緣插入刮板

翻轉倒扣缽盆

取出麵團

每個分切成 160g

6 推展麵團散放糖煮蜜桃

往身體方向朝外捲起,接口
處朝下地改變方向,再次放
入糖煮蜜桃捲起

7 閉合底部及兩端

接口處朝下地放入模型中

最後發酵前

最後發酵後

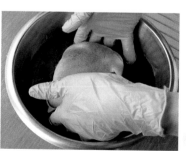

10 浸泡滲入白蘭地糖漿,
放入冰箱冷藏

完成時的切面

17

番紅花甜麵包 Lussekatt

加入了番紅花的北歐麵包

北歐通的插畫家－戶塚惠子女士所傳授，一般是在「聖露西亞節」時製作，略帶甜味的麵包。

明亮的番紅花色澤就像太陽般，為漫長陰暗的冬季帶來陽光照拂。

奶油在麵包揉和至 9 分左右時才加入。

準備

> **製作蘭姆酒漬葡萄乾。（方便製作的分量）**
> 將100g葡萄乾放入可確實密閉的塑膠袋或煮沸過的小瓶內，再由上澆淋30cc的蘭姆酒。儘可能排出空氣地使其成為真空狀態，放入冰箱保存。

> **番紅花放入牛奶內煮。（方便製作的分量）**
> 牛奶放入小鍋內，加入番紅花煮至呈鮮艷的黃色。當牛奶成為漂亮的番紅花色澤時，連同鍋子一起下墊冰塊水急速冷卻。牛奶和番紅花的比例可依個人喜好進行調整。濾掉番紅花備用。

關於聖露西亞節 Saint Lucia

每年的12月13日（農曆的冬至左右），隨著宣告聖誕節即將到來的待降節（Advent）開始，對北歐人而言，正是揭開冬季最重要的祭典－聖露西亞節的序幕。「露西亞」是出生於西西里島，西拉庫莎（Siracusa）的女性，因憐憫貧苦者而布施，帶給人們一線光明與希望，被視為光明聖者，也是農耕的守護神。在一年之中最長最陰暗的瑞典冬季，據說就是聖露西亞在黑闇中帶來光明。因此象徵太陽光亮的Lussekatt番紅花甜麵包，就是聖露西亞節烘烤食用的麵包。

材料（粉類500g、20個分量）

Mont Blanc（法國麵包用中筋麵粉）	400g	80%
Type 65（法國產麵粉）	100g	20%
鹽	6g	1.2%
細砂糖	120g	24%
乾燥酵母菌	1.5g	0.3%
法國長棍麵包的老麵 ＊當天做好的麵團（請參照P.11）	60g	12%
蛋黃	50g	10%
鮮奶油	50g	10%
熬煮過番紅花的牛奶	310g	62%

後續添加材料

奶油	150g	30%

揉和　揉和完成時的溫度22℃

1　將粉類和乾燥酵母菌放入大塑膠袋內，袋口處確實扭緊後左右搖晃。

2　將鹽和細砂糖放入缽盆中均勻混拌。

3　取出另一個缽盆，放入撕開的老麵和蛋黃、鮮奶油以及熬煮過番紅花的牛奶，混拌。

4　將**1**和**2**倒入大型缽盆的一側。如照片般另一側放入**3**。

5　像製作天婦羅麵衣般地用指尖少量逐次地推散，以手指將顆粒捏碎使整體均勻。

6　混合至某個程度後，用手以轉圈方式，邊轉動材料邊注意以產生麵筋組織地進行揉和。手指必須抵著缽盆深入麵團底部以固定方式揉和。因麵團非常柔軟，所以邊轉動缽盆邊進行作業比較容易。

7　當麵筋組織形成後，以身體重量按壓、敲叩、抓握等如照片般作業，使麵團表面產生彈性。

8　當麵團揉和至約9分的程度時，如照片般將後續作業中添加的奶油，分幾次加入。揉和至麵團產生光澤，奶油融入麵筋組織當中為止。

＊ Signifiant Signigié店內，螺旋式攪拌機是採低速3分鐘、中速10分鐘。但依攪拌機的機種不同，攪拌揉和的力道也會有很大的差異，所以即使用手揉和或攪拌機攪打揉和，揉和的時間及力道程度，別忘了請自行以目視確認麵團狀態，再加以調整。

一次發酵

9　揉和完成的麵團放入28℃（濕度80%）的發酵箱內約3小時，進行一次發酵。發酵的指標，就像照片般麵團膨脹成1.8倍左右。

＊ 沒有發酵箱時，可以將麵團移至缽盆再覆蓋上塑膠袋等，放置於28℃左右的室溫（略微溫暖之處）使其發酵。

在缽盆中混拌材料

4 將 1 ～ 3 的材料一起放入

5 像製作天婦羅麵衣般
少量逐次推散

壓散粉類般地混拌

用手轉圈方式進行

揉和至產生麵筋組織為止

7 用身體重量按壓

敲叩、抓握

揉和至 9 分程度

添加奶油

分幾次加入

揉和至奶油融入麵筋組織中

麵團產生光澤

揉和完成

9 一次發酵後

分割・滾圓・整型（1個分量的麵團60g）

10 在麵包墊表面撒上適量的手粉（分量外的中筋麵粉），用手將粉類按壓至麵包墊般地推開。在缽盆內麵團表面撒上麵粉（分量外），以刮板沿著缽盆邊緣插入幾次使側面麵團剝離缽盆，倒扣缽盆等待麵團自然落下。

11 壓平排氣。由身體方向朝外、外側朝內折疊成3折，再對折。

* 壓平排氣，視麵團狀態調整力道的強度非常重要。

12 放入28℃（濕度80%）的發酵箱內，再次發酵1小時。

* 沒有發酵箱時，可以將麵團移至缽盆再覆蓋上塑膠袋等，放置於28℃左右的室溫（略微溫暖之處）使其發酵。

13 避免麵團沾黏地在表面撒上麵粉（分量外的中筋麵粉），將其分割成每個60g大小，輕輕整合麵團。

14 由身體方向朝外、外側朝內折疊成3折，再對折使其形成棒狀。直接靜置麵團約15分鐘。

15 在麵包墊上前後滾動整形成棒狀，並延展成1cm左右的粗細。

16 如照片般地捲起，由兩端各以不同方向相互朝中央捲起。

最後發酵

17 放入28℃（濕度80%）的發酵箱內40分鐘，進行最後發酵。最後發酵的指標是麵團膨脹成2倍大。

* 沒有發酵箱時，為避免麵團乾燥可以用帆布巾等覆蓋，放置於28℃（略微溫暖之處）室溫下約40分鐘，使其發酵。

烘烤

18 用刷子在表面刷塗蛋液，在凹陷處各按壓入1顆蘭姆酒漬葡萄乾。

19 放入180℃的烤箱內烘烤13分鐘。

* Signifiant Signigié 店內是以240℃的烤箱烘烤12分鐘。

0 撒上麵粉。沿著缽盆邊緣
插入刮板

取出麵團

壓平排氣

由身體方向朝外、外側朝內
折疊成 3 折

再對折。在發酵室發酵 1 小時

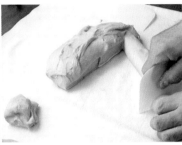
13 分割成一個 60g 大小

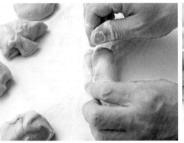
14 由身體方向朝外、外側
朝內折疊成 3 折

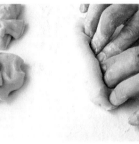
再對折

整形成棒狀,將麵團靜置
5 分鐘

15 延展成 1cm 粗細的條狀

16 由兩端向中央捲起

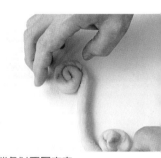
兩端各以不同方向
鬆鬆地捲起

17 最後發酵前

18 最後發酵後

完成後的切面

23

Signifiant Signigié 的小巧克力 Petit Chocolat

巧克力甜麵包

不分大人小孩都能開心地享用。
感受到紮實巧克力風味的高糖油配方是最大的特色。
麵團表面撒放奶酥碎粒，藉由烘烤使受熱處更加柔軟，
烘烤完成更膨鬆美味。

準備

> **製作奶酥碎粒。（方便製作的分量）**

預備Dolce（低筋麵粉）300g、細砂糖300g、奶油180g。在缽盆中放入奶油，以攪拌器攪打成膏狀後，
加入細砂糖混拌。攪打至顏色發白後，放入低筋麵粉，利用橡皮刮板以切拌方式混拌均勻。利用手掌將其
揉搓成鬆散的顆粒狀。當奶酥碎粒的顏色變黃，粉類消失時就完成了。放置於冰箱中冷藏。

> 巧克力切成 1 ～ 2cm，方便食用的粗粒大小。

> 預備直徑8cm、高2.5cm 的紙杯模。

材料（粉類500g、25個分量）

3 GOOD（高筋麵粉）	100g	20%
Type 65（法國產麵粉）	100g	20%
Mont Blanc（法國麵包用中筋麵粉）	300g	60%
鹽	7g	1.4%
有機細砂糖	50g	10%
麥芽糖漿液（稀釋比例1：1）	3g	0.6%
法國長棍麵包的老麵	75g	15%
＊製作好前1日的麵團（請參照P.11）		
可可粉	25g	5%
蛋黃	100g	20%
鮮奶油	50g	10%
牛奶	100g	20%

後續添加材料

奶油	250g	50%
有機細砂糖	100g	20%
巧克力（使用的是法芙娜Valrhona 瓜納拉牛奶巧克力Guanaja Lactée）	250g	50%

完成用

奶酥脆粒	適量	—

揉和　揉和完成時的溫度22℃

1 除了後續添加材料與完成用的材料之外，全都放入攪拌機缽盆中，以低速攪打至粉類完全滲入吸收為止，接著改以中速攪打至9分的程度。後續添加材料用的有機細砂糖和奶油分幾次加入，攪打揉和至麵團產生光澤。將巧克力加入完成揉和的麵團中大動作混拌。

＊ Signifiant Signigié店內，是採螺旋式攪拌機低速3分鐘、中速8～9分鐘。但依攪拌機的機種不同，攪拌揉和的力道也會有很大的差異，因此攪拌揉和的時間及力道程度，別忘了請自行以目視確認麵團狀態再加以調整。

一次發酵

2 揉和完成的麵團放入17℃（濕度90％）的發酵箱內約15小時，進行一次發酵。發酵的指標，就像照片般麵團膨脹成1.2倍左右。

＊ 沒有發酵箱時，可以將麵團移至缽盆再覆蓋上塑膠袋等，放置於25℃左右的室溫約3小時，之後放入5℃環境中（冰箱的蔬果保鮮室）12小時，使其發酵。

分割・滾圓・整型（1個分量麵團60g）

3 在麵包墊表面撒上適量的手粉（分量外的中筋麵粉），用手將粉類按壓至麵包墊般地推開。在缽盆內麵團表面撒上麵粉（分量外），以刮板沿著缽盆邊緣插入幾次使側面麵團剝離缽盆，倒扣缽盆等待麵團自然落下。避免麵團沾黏地在表面撒上麵粉（分量外），將其分割成每個60g大小，輕輕整合麵團。不需中間發酵。

4 將麵團放在手掌上，由身體方向朝外折，並重覆進行2次。將麵團前後左右朝中央聚攏閉合。以手掌輕輕滾圓，過程中以滾動方式緊實表面，使其成為圓形後再次聚攏閉合接口處。巧克力若是露出於麵團表面，烘烤時會融化，因此務必請將巧克力折疊於麵團中。接口處朝下地放入紙杯模內。

最後發酵

5 放入28℃（濕度80％）的發酵箱內5小時，進行最後發酵。最後發酵的指標是麵團膨脹成1.5～2倍。

＊ 沒有發酵箱時，為避免麵團乾燥可以用帆布巾等覆蓋，放置於28℃（略微溫暖之處）室溫下，使其發酵。

6 彷彿要覆蓋住麵團上半表面般地，適量地沾裹上奶酥碎粒。

烘烤

7 放入190℃的烤箱內烘烤15分鐘。

＊ Signifiant Signigié店內是以230℃的烤箱烘烤14分鐘。

1 完成揉和

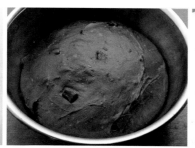

2 一次發酵後

3 撒上麵粉。沿著缽盆邊緣
插入刮板

取出麵團

分割成每個 60g 大小

4 由身體方向朝外對折

重覆進行 2 次左右

聚攏前後左右的麵團

用手掌輕輕滾圓。接口處朝
下地放入紙杯模內

5 最後發酵後

6 沾裹上奶酥碎粒

完成後的切面

Signifiant Signigié 的肉桂卷

北歐等地聖誕節享用的甜麵包卷

漂亮地捲起麵團，烘烤出的成品也會很漂亮。
請大家試試以糖霜在表面裝飾的樂趣。

準備

> **製作杏仁奶油餡。（方便製作的分量）**

預備奶油450g、糖粉380g、雞蛋8個(全蛋)、杏仁粉450g、少量蘭姆酒。在缽盆中放入奶油，以攪拌器攪
打成膏狀後，分幾次加入糖粉混拌。攪打至呈柔軟乳霜狀時，分幾次加入雞蛋拌勻，杏仁粉約分成3次加入。
添加蘭姆酒可增添香氣。完成後放入冰箱冰涼備用。

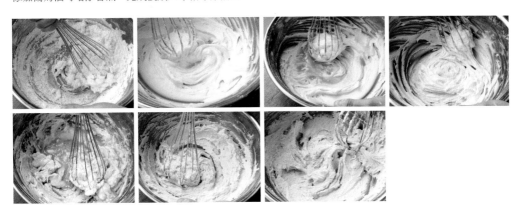

> **製作糖霜。（方便製作的分量）**

適量糖粉與水混拌至可以絞擠的軟硬度即可。過度柔軟時無法擠出線條，請務必多加留意。分量比例可以依
個人喜好加以調整。

材料（粉類500g、18個分量）

Mont Blanc（法國麵包用中筋麵粉）	400g	80%
Type 65（法國產麵粉）	100g	20%
鹽	7g	1.4%
細砂糖	90g	18%
乾燥酵母菌	1.25g	0.25%
蛋黃	50g	10%
全蛋	50g	10%
鮮奶油	50g	10%
牛奶	100g	20%
水	135g	27%

後續添加材料

奶油	50g	10%
杏仁奶油餡	適量	—
肉桂粉	適量	—
蘭姆酒葡萄乾(請參照P.19)	適量	—

完成用

糖霜	適量	—

揉和　揉和完成時的溫度22℃

1 除了後續添加材料與完成用的材料之外，全都放入攪拌機缽盆中，以低速攪打至粉類完全滲入吸收為止，接著改以中速攪打至9分的程度。後續添加材料用的奶油分幾次加入，攪打揉和至如照片般麵團產生光澤為止。

✼ Signifiant Signigié店內，是採螺旋式攪拌機低速3分鐘、中速10分鐘。但依攪拌機的機種不同，攪拌揉和的力道也會有很大的差異，因此攪拌揉和的時間及力道程度，別忘了請自行以目視確認麵團狀態再加以調整。

一次發酵

2 將揉和完成的麵團覆蓋上較寬大的塑膠袋，放入28℃（濕度80%）的發酵箱內約1個半小時，進行一次發酵。發酵的指標，就像照片般麵團膨脹成1.8倍左右。

✼ 沒有發酵箱時，可以將麵團移至缽盆再覆蓋上塑膠袋等，放置於28℃（略微溫暖之處）室溫下，使其發酵。

分割・滾圓・整型（1條分量麵團500g）

3 在麵包墊表面撒上適量的手粉（分量外的中筋麵粉），用手將粉類按壓至麵包墊般地推開。在缽盆內麵團表面撒上麵粉（分量外），以刮板沿著缽盆邊緣插入幾次使側面麵團剝離缽盆，倒扣缽盆等待麵團自然落下。

4 壓平排氣。由身體方向朝外、外側朝內折疊成3折，再對折。放入28℃（濕度80%）的發酵箱內，靜置約30分鐘。

✼ 沒有發酵箱時，可以放置於28℃（略微溫暖之處）室溫下，靜置30分鐘。

5 避免麵團沾黏地在表面撒上麵粉（分量外的中筋麵粉），用刮板從麵團中央處切開。

6 用手整合麵團形狀，放入28℃（濕度80%）的發酵箱內30分鐘，進行中間發酵。

揉和至 9 分程度

加入後續添加材料

分數次加入

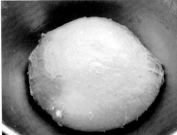

和至麵團產生光澤

完成揉和

2 一次發酵後

3 撒上麵粉。沿著缽盆邊緣
插入刮板

轉倒扣缽盆

取出麵團

4 壓平排氣

由身體方向朝外、外側朝內
折疊成 3 折

折。

置於發酵箱內靜置 30 分鐘

5 用刮板將麵團分切為二

6 用手整合形狀

進行中間發酵 30 分鐘

31

7 用手從上方輕輕敲打並整合形狀，抓著麵團兩端向外延展。將帆布巾覆蓋在麵團上，於28℃室溫下放置鬆弛10分鐘。

8 以擀麵棍將麵團薄薄地擀壓成1.5倍大。上端部分留下接口邊緣地擀壓麵團。

9 除了接口邊緣之外，將杏仁奶油餡塗抹在全體麵團上。

10 撒上肉桂粉並放置葡萄乾。接口邊緣處刷塗上蛋液(分量外)，從身體方向開始向前小幅度地捲起麵團，捲動後再稍往回按壓並重覆這樣的動作捲起。

11 捲至最後，滾動麵團均勻整體粗細。接口邊緣處用指尖捏緊使其閉合。

12 在麵包墊上前後滾動整合形狀，刀子以向下按壓般地將麵團切成寬5cm的大小。

最後發酵

13 切開斷面朝上排放在烤盤中，用手由上方輕輕按壓。放入28℃(濕度80%)的發酵箱內60分鐘，進行最後發酵。最後發酵的指標是麵團膨脹成2倍左右。

＊ 沒有發酵箱時，為避免麵團乾燥可以用帆布巾等覆蓋，放置於28℃(略微溫暖之處)室溫下，使其發酵。

烘烤

14 以刷子刷塗上蛋液(分量外)，放入190℃的烤箱內烘烤15分鐘。

＊ Signifiant Signigié店內是以240℃的烤箱烘烤14分鐘。

完成

15 待肉桂卷放涼後，以糖霜裝飾。

用手從上方輕輕拍打

整合形狀

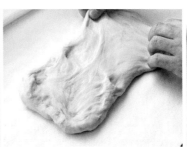
抓著麵團兩端向外延展

靜置 10 分鐘

以擀麵棍擀壓麵團

上端部分留下接口邊緣地
擀壓麵團

9　塗抹杏仁奶油餡

10　撒上肉桂粉

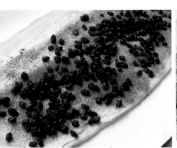
置葡萄乾，接口邊緣處刷
上蛋液

從身體方向開始向前小幅度
地捲起麵團

捲動後再稍往回按壓並重覆
這樣的動作捲起

11　接口邊緣用指尖捏緊使
其閉合

2　整合形狀，用刀子將麵
團切成 5cm 寬

13　用手由上方輕輕按壓

14　最後發酵後。
以刷子刷塗上蛋液

15　放涼後，裝飾

大黃果醬麵包 Pain au Rhubarb

渦卷狀的果醬麵包

希望做出日式糕點般的口感，
加入酸甜大黃果醬的渦卷狀果醬麵包。
最需要注意的就是不要過度揉和麵團。
使用 N-13 奧利多寡糖，能深入腸道有益健康。

材料（粉類500g、4或5條分量）

全麥麵粉	150g	30%
Type 65（法國產麵粉）	250g	50%
Mont Blanc（法國麵包用中筋麵粉）	100g	20%
鹽	8g	1.6%
有機細砂糖	50g	10%
麥芽糖漿液（稀釋比例 1：1）	4g	0.8%
乾燥酵母菌	0.5g	0.1%
N-13奧利多寡糖	50g	10%
栗子粉（義大利皮埃蒙特產栗子粉）	25g	5%
黃豆粉	25g	5%
南瓜泥（無糖）	100g	20%
牛奶	150g	30%
水	130g	26%
大黃果醬	270g	54%

揉和　揉和完成時的溫度22℃

1 除了大黃果醬之外的材料全都放入攪拌機鉢盆中，以低速攪打至粉類完全滲入吸收為止，接著改以中速攪打。

* Signifiant Signigié店內，是採螺旋式攪拌機低速3分鐘、中速11分鐘。但依攪拌機的機種不同，攪拌揉和的力道也會有很大的差異，因此攪拌揉和的時間及力道程度，別忘了請自行以目視確認麵團狀態再加以調整。

* 因為希望完成的是日式糕點般的口感，所以必須注意避免過度揉和。

一次發酵

2 揉和完成的麵團放入17℃（濕度90%）的發酵箱內約15小時，進行一次發酵。發酵的指標，就像照片般麵團膨脹成1.2倍左右。

* 沒有發酵箱時，可以將麵團移至鉢盆再覆蓋上塑膠袋等，放置於25℃左右的室溫約3小時，之後放入5℃環境中（冰箱的蔬果保鮮室）12小時，使其發酵。

分割‧滾圓‧整型（1條分量的麵團240g、大黃果醬60g）

3 在麵包墊表面撒上適量的手粉（分量外的中筋麵粉），用手將粉類按壓至麵包墊般地推開。在鉢盆內麵團表面撒上麵粉（分量外），以刮板沿著鉢盆邊緣插入幾次使側面麵團剝離鉢盆，倒扣鉢盆等待麵團自然落下。避免麵團沾黏地在表面撒上麵粉（分量外），將其分割為1條240g，輕輕整合。不需中間發酵。

4 將麵團放在麵包墊上用手推壓延展開。稍稍撒上麵粉（分量外的中筋麵粉），以擀麵棍擀壓不同方向地，將麵團擀壓成均等的3倍大（31×20cm）。用刷子撢去多餘的麵粉。

5 在正中央處放上60g大黃果醬，除接口邊緣處以外，將果醬薄薄地塗抹在全部麵團上。

6 由身體方向朝外，避免空氣進入確實地捲起麵團。

7 捲好的麵團接合處與兩端都用指尖捏緊閉合。不需要進行最後發酵。

烘烤

8 以過濾器將麵粉（分量外）篩撒在表面，使其形成麵包深淺色澤，並劃入割紋。

9 放入190℃的烤箱內烘烤27分鐘。

* Signifiant Signigié店內是以250℃的烤箱烘烤25分鐘。

完成揉和

2 一次發酵後

3 撒上麵粉。沿著缽盆邊緣
插入刮板

翻轉倒扣缽盆

取出麵團

分割成 1 條 240g 大小

4 推展開麵團

擀壓成約 3 倍大

放上大黃果醬

除接口邊緣處以外，薄薄地
塗抹上大黃果醬

6 由身體方向朝外捲起

確實地捲至最後

7 用指尖捏緊閉合

以過濾器篩撒麵粉

劃入割紋

完成後的切面

牛奶麵包卷

恩師　福田元吉先生的牛奶麵包卷

隱約帶著甜味、質地柔軟的牛奶麵包卷，
特徵就在於尖角般的花紋。
只要稍加調整揉和方式與發酵程度，就會產生另一番風味。
請大家試著做出屬於自己的煉乳風味麵包。

材料（粉類500g、25個分量）

Mont Blanc（法國麵包用中筋麵粉）	200g	40%
3 GOOD（高筋麵粉）	200g	40%
Petika（高筋麵粉）	100g	20%
鹽	7.5g	1.5%
有機細砂糖	50g	10%
乾燥酵母菌	7.5g	1.5%
煉乳	75g	15%
蛋黃	50g	10%
牛奶	100g	20%
水	200g	40%
奶油	75g	15%

> **關於恩師　福田元吉先生‧‧‧**
> 我的老師是被稱為「飯店麵包之父」的福田元吉先生。
> 不僅是羅曼諾夫王朝（Romanov）宮廷師父後裔Ivan
> Sagoyan（イワン‧サゴヤン）先生最鐘愛的學生，更對確
> 立餐食麵包有很大貢獻。結識福田老師在我24歲時，在
> 「ART COFFEE」時期30～40歲的10年間也一起工
> 作。除了技術面之外，他更以身作則教授了對工作應有
> 的態度。

揉和 揉和完成時的溫度22℃

1 全都材料都放入攪拌機缽盆中，以低速攪打至粉類完全滲入吸收為止，接著改以中速攪打揉和至麵團產生光澤為止。

＊ Signifiant Signigié店內，是採螺旋式攪拌機低速3分鐘、中速8分鐘。但依攪拌機的機種不同，攪拌揉和的力道也會有很大的差異，因此攪拌揉和的時間及力道程度，別忘了請自行以目視確認麵團狀態再加以調整。

一次發酵

2 揉和完成的麵團放入28℃（濕度80%）的發酵箱內約1個半小時，進行一次發酵。發酵的指標，就像照片般麵團膨脹成1.8倍左右。

＊ 沒有發酵箱時，可以用塑膠袋等覆蓋，放置於28℃（略微溫暖處）室溫下使其發酵。

分割・滾圓・整型（1個分量麵團240g）

3 在麵包墊表面撒上適量的手粉（分量外的中筋麵粉），用手將粉類按壓至麵包墊般地推開。在缽盆內麵團表面撒上麵粉（分量外），以刮板沿著缽盆邊緣插入幾次使側面麵團剝離缽盆，倒扣缽盆，等待麵團自然落下。

4 壓平排氣。由身體方向朝外、外側朝內折疊成3折，再對折。放入28℃（濕度80%）的發酵箱內30分鐘，靜置麵團。

＊ 沒有發酵箱時，可以放置於28℃左右的室溫（略微溫暖之處）使其發酵。

5 避免麵團沾黏地在表面撒上麵粉（分量外的中筋麵粉），將其分割成每個40g大小，輕輕整合麵團。

6 將麵團放在手掌上，彷彿包覆住切口面般的對折。接著像抓住麵團般地再次對折，約重覆2次這樣的動作。用手掌滾圓麵團。避免麵團乾燥，可以用帆布巾等覆蓋，放置於24℃室溫下約20分鐘，進行中間發酵。

7 在麵包墊上，從靠近身體方向及外側各朝中央折入1/3，再以手掌根部按壓接口處使其貼合。為使烘烤後表面能緊實膨脹地先對半折疊，整形成7cm的橢圓形（橄欖形）。接口處以手掌根部按壓使其貼合，接口處朝下。在麵包墊上滾動整形。

最後發酵

8 放入28℃（濕度80%）的發酵箱內1小時，進行最後發酵。最後發酵的指標是麵團膨脹成2倍左右。

＊ 沒有發酵箱時，避免麵團乾燥可以用帆布巾等覆蓋，放置於28℃（略微溫暖之處）室溫下使其發酵。

烘烤

9 以刷子在表面刷塗蛋液（分量外）。

10 以剪刀剪出切紋。將剪刀以45度剪入麵團，彷彿拈起般地朝上剪入麵團，使麵團切口略呈直立狀。

11 放入210℃的烤箱內烘烤10分鐘。

＊ Signifiant Signigié店內是以240℃的烤箱烘烤10分鐘。

1　完成揉和

2　一次發酵後

3　取出麵團

壓平排氣。由身體方向朝外，外側朝內折成 3 折疊

再對折

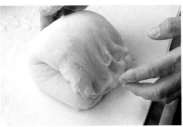

放置於發酵箱內靜置 30 分鐘

5　分割成 1 個 40g

6　將麵團放在手上，對折。

彷彿抓住切口般對折。
約重覆進行 2 次

用手掌滾圓

進行中間發酵 20 分鐘

7　向前折入 1/3

外側也向內折入

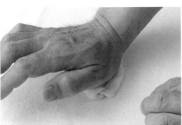

以手掌根部按壓使其貼合

為使表面緊實地再次對折

接口處用手掌根部按壓
使其貼合

整形成長 7cm 的橢圓形

8　最後發酵後

10　以剪刀剪出切紋

完成後的切面

2 la pâte dure

第 2 章
少量乾燥酵母菌及長時間發酵製作而成
以硬質麵包麵團製作的甜麵包

麵包本身並不甜。

法國長棍麵包、巧巴達以及鄉村麵包等低糖油成分 LEAN 類麵包麵團，

搭配上大納言、楓糖胡桃、乾燥水果、巧克力、蜂蜜薑絲等香甜食材，

敬請期待如此的變化搭配。

大納言法國長棍麵包
4 種義大利餐食用的巧巴達麵包
加入了無花果和西洋梨的鄉村麵包

大納言法國長棍麵包

加入蜜漬大納言的原創法國長棍麵包

使用微量酵母、堅持長時間發酵的法國長棍麵包。
請好好地品味充滿小麥風味、柔軟豐美麵包的同時
口中徐徐擴散出來大納言的香甜。

材料（粉類500g、5條分量）

Mont Blanc（法國麵包用中筋麵粉）	50g	10%
Grist Mill（石臼碾磨的麵包用高筋麵粉）	50g	10%
Type 65（法國產麵粉）	400g	80%
鹽	9.5g	1.9%
麥芽糖漿液	5g	1%
海洋深層水	30g	6%
水	315g	63%
乾燥酵母菌	0.3g	0.06%

後續添加材料

蜜漬大納言	500g	100%

所謂自我分解法 Autolyse···

最初僅用水、粉類和麥芽糖漿液攪拌後，暫時靜置，待
水分充分吸收，再添加酵母、鹽及其他材料的製作方
法。是法國國立製粉學校名譽教授，已故的雷蒙·卡爾
韋爾（Raymond Calvel）先生在1974年所提倡，藉由
這樣的方法使得麵團中的酵素更容易產生作用。雷蒙·
卡爾韋爾先生將法國麵包普及至歐美，並傳向全世界，
被稱為法國麵包之神。1954年在國際麵包技術講習會
中，正式地將法國麵包的製法傳入日本。

揉和　揉和完成時的溫度23℃

1 在缽盆中放入海洋深層水、水、麥芽糖漿液混合。

2 在**1**中放入粉類混拌。以指尖推散，邊壓散粉類邊進行混拌。混拌至粉類完全消失為止。

3 放置進行自我分解法30分鐘。之後加入乾燥酵母菌，慢慢揉和至滲入全體麵團內。接著加入鹽，均勻地揉和至鹽粒完全消失，且麵團呈均勻的軟硬度為止。缽盆底部墊著濕布巾固定，揉和至照片中的麵團般整合成團為止。

＊ Signifiant Signigié店內，是採螺旋式攪拌機低速，在乾燥酵母菌加入後1分鐘，加入鹽之後3分鐘為參考標準。最後以高速攪拌1分鐘。但依攪拌機的機種不同，攪拌揉和的力道也會有很大的差異，因此攪拌揉和的時間及力道程度，別忘了請自行以目視確認麵團狀態再加以調整。

4 揉和完成的麵團在室溫下靜置20分鐘。

5 揉和完成並靜置20分鐘的麵團，開始進行壓平排氣。以刮板提舉翻起覆蓋並重覆此動作5～6次。

1 混合材料

2 放入粉類混拌

以指尖逐次少量地推散

像壓散粉類般地混拌全體

混拌至粉類消失

3 放置進行自我分解法
30 分鐘

加入乾燥酵母菌，混拌均勻
滲入全體麵團

在缽盆底部以濕布巾固定，
緩慢地混拌至均勻

揉和摔打至麵團整合成團
為止

4 揉和完成。
靜置麵團 20 分鐘

20 分鐘後的麵團

5 壓平排氣

以刮板將麵團翻起覆蓋，並
重覆此動作 5 ～ 6 次

6 將塑膠膜緊密貼合地覆蓋在揉和完成的麵團表面。從缽盆上再覆蓋較厚實且寬大的塑膠袋，束緊袋口。

一次發酵

7 放置於28℃（濕度80%）的發酵箱1小時（冬季3小時）使其發酵，之後放入5℃環境中（冰箱的蔬果保鮮室）12小時，進行一次發酵。發酵的指標，就是麵團完全填滿缽盆。像照片般有氣泡，從塑膠膜外按壓時可以感覺到麵團的柔軟。

* 高加水麵團若是貼合覆蓋保鮮膜時會形成沾黏，但使用塑膠膜就很方便。因為是低糖油成分的LEAN類麵團，所以覆蓋在外的塑膠袋可以選用能輕易蓋住全體的類型，覆蓋2層也可以。

* 沒有發酵箱時，可以用塑膠袋等覆蓋，放置於28℃（略微溫暖之處）室溫下使其發酵1小時，之後同樣放入5℃環境中（冰箱的蔬果保鮮室）使其發酵。

分割・滾圓・整型（1條分量的麵團150g、蜜漬大納言100g）

8 用刮板輕輕分離掀起塑膠膜。

9 在麵包墊表面撒上適量的手粉（分量外的中筋麵粉），用手將麵粉按壓至麵包墊般地推開。在缽盆內的麵團表面撒上麵粉（分量外），以刮板沿著缽盆邊緣插入幾次使側面麵團剝離缽盆，倒扣缽盆等待麵團自然落下。將其分割成每個150g大小。

10 捲起麵團，使兩端略呈「の」字型地滾圓。靜置10～30分鐘。

完成揉和

表面貼合上塑膠膜

再連同缽盆一起包覆在塑膠
袋內

一次發酵後

8 掀起塑膠膜

9 撒上麵粉。沿著缽盆邊
緣插入刮板

翻轉倒扣缽盆

出麵團

分割成 1 個 150g

10 滾圓使兩端呈「の」字型

麵團靜置 10 ～ 30 分鐘

11 撒上少量手粉(分量外的中筋麵粉)，用手壓平推展成橫向長方型。

12 在麵團上放上蜜漬大納言(100g)，用手輕輕按壓使其附著。

13 由身體方向朝外側2/3處對折。留下邊緣1cm。以指尖抓起麵團般地按壓捏緊閉合麵團。

14 兩端的麵團也用指尖按壓使其貼緊閉合。

在麵包墊上前後滾動地整型成25cm長。

最後發酵

15 避免直接受風，用帆布巾等覆蓋在麵團上，放入28℃(略微溫暖之處) 20分鐘進行最後發酵。最後發酵的指標是麵團膨脹成1.2倍左右。

烘烤

16 用濾網篩撒麵粉(分量外的中筋麵粉)，在麵包墊上前後滾動地整型成30cm長。

＊ 藉由篩撒粉類來防止烤焦，完成時的色澤淡更具柔和感。

17 以220℃的烤箱烘烤20分鐘。

＊ Signifiant Signigié 店內是以270℃的烤箱烘烤20分鐘。

11 撒上手粉推展成橫向的
長方型

12 放上蜜漬大納言（100g）

用手輕輕按壓

13 由身體方向疊向外側
2/3 處

邊緣留下 1cm

用指尖按壓使其貼緊閉合

14 閉合兩端

在麵包墊上滾動

15 最後發酵後

16 篩撒麵粉

整型成 30cm 左右的長度

完成後的切面

4 種巧巴達

楓糖胡桃、蘋果 & 伯爵茶、蔓越莓白巧克力、蜂蜜薑絲
義大利的餐食麵包

誕生於義大利的巧巴達，扁平四方型就是註冊商標。
這款麵團的特徵就是水分含量非常多。每隔 20 分鐘就壓平排氣共進行 3 次。
請務必記得巧妙地使用手粉，試試挑戰高水分含量的麵團吧。

準備

> 輕輕切開胡桃。

> 製作蘋果 & 伯爵茶（方便製作的分量）

預備糖漬乾燥蘋果600g、有機細砂糖120g、奶油30g、切細的伯爵茶葉5g、蜂蜜60g。糖漬乾燥蘋果切成1cm塊狀。用研磨機將茶葉磨成粉末。鍋中放入有機細砂糖、奶油、蜂蜜加熱至溶化，煮成焦糖。加入糖漬乾燥蘋果，拌炒般地用大火煮至收乾。即使焦糖開始凝固也必須仔細地攪拌，避免燒焦。用大火加熱至全體材料重量成為550g為止。離火後加入茶葉末，混合均勻。下墊冰水冷卻。

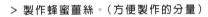

> 乾燥蔓越莓先迅速浸泡熱水後瀝乾水分。
> 白巧克力切成1cm大小的塊狀。

> 製作蜂蜜薑絲。（方便製作的分量）

薑（適量）去皮切絲後以水煮3次並擰乾。倒入足以覆蓋薑絲的蜂蜜熬煮20分鐘。

材料（每種粉類500g、8個分量）

Classic（法國麵包用中筋麵粉）	各250g	50%
Kitanokaori Blend（北海道產高筋麵粉）	各250g	50%
鹽	各10.5g	2.1%
麥芽糖漿液（稀釋比例1：1）	各4g	0.8%
乾燥酵母菌	各0.9g	0.18%
海洋深層水	各2.5g	5%
水	各410g	82%

副材料

胡桃	150g	30%
楓糖粉	150g	30%
蘋果 & 伯爵茶	275g	55%
乾燥蔓越莓	150g	30%
白巧克力	150g	30%
蜂蜜薑絲	60g	12%

＊全部的材料除副材料外，分量都相同。

楓糖胡桃、蘋果＆伯爵茶、蔓越莓白巧克力，至步驟**6**為止的製作方法都是相同的。

揉和　揉和完成時的溫度夏季是20℃左右、冬季是25℃左右

1 在缽盆中各別放入鹽、麥芽糖漿液、海洋深層水、水，混拌均勻。

2 將粉類與乾燥酵母菌放入塑膠袋內，束緊開口處，前後左右搖動使其混合。

3 在缽盆的一側放入粉類，另一側加入**1**，像製作天婦羅麵衣般地用指尖推散，邊壓散粉類邊進行混拌。待麵團混合至某個程度時，手改以轉動方式地進行混拌。漸漸如照片般粉類吸收水分變得沈重。混拌至照片般呈稠濃狀態。

4 避免粉類結塊地，用刮板刮下沾黏在缽盆邊緣的粉塊，使其混拌均勻。

5 開始揉和時，可以利用刮板舀起麵團後甩落，這樣的動作進行混拌。

6 邊轉動缽盆邊將手深入麵團底部，舀起撕開麵團般地揉和。

＊ 關於粉類的混拌方式。用手壓散地進行混拌，是因為這兩種小麥在特性上較容易產生結塊。製作巧巴達時，含支鏈澱粉較多的粉類，更適合不施以壓力的揉和方式。

＊ Signifiant Signigié店內，是採螺旋式攪拌機低速攪打2分鐘。但依攪拌機的機種不同攪拌揉和的力道也會有很大的差異，因此攪拌揉和的時間及力道程度，別忘了請自行以目視確認麵團狀態再加以調整。

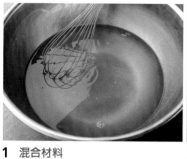

1　混合材料

2　混合粉類

3　將 1、2 放入缽盆中

以指尖少量逐次推散

邊推散邊按壓粉類使其混拌

整合成團後，手改以轉動方
式混拌

粉類吸收水分後變得沈重

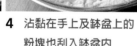

4　沾黏在手上及缽盆上的
　　粉塊也刮入缽盆內

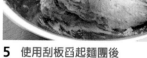

5　使用刮板舀起麵團後
　　甩落

6　將手伸入麵團底部揉和

完成揉和

接著是楓糖胡桃的製作方法。

其他3種請以此為基本，參考P.59進行製作。

楓糖胡桃的壓平排氣

7 進行第1次的壓平排氣。舀起麵團分為二邊，甩落時將一邊疊放上去。靜置20分鐘。

進行第2次的壓平排氣。大動作粗略地以刮板均勻混拌麵團。靜置20分鐘。

進行第3次的壓平排氣。用刮板舀起麵團翻轉。

一次發酵

8 用保鮮膜覆蓋缽盆內的麵團，25℃的室溫下約5小時，進行一次發酵。

分割·滾圓·整型（1條分量麵團120g）

9 在麵包墊表面撒上適量的手粉（分量外的中筋麵粉），用手將麵粉按壓至麵包墊般地推開。在缽盆內麵團表面撒上麵粉（分量外），以刮板沿著缽盆邊緣插入幾次使側面麵團剝離缽盆，倒扣缽盆等待麵團自然落下。

10 用於楓糖胡桃時，麵團用手推展成四方形。如照片般在中央處放上堅果，上面撒上楓糖粉。單側朝中央折入，在折入麵團上方重覆相同作業。再將另一側的麵團朝中央折入覆蓋。

為避免麵團沾黏地在表面撒上麵粉（分量外的高筋麵粉）後，連同麵包墊一起翻面。

11 以切麵刀從中央十字分切後，再切成8等分（1個120g）。整形後不需最後發酵。

烘烤

12 以濾網篩撒麵粉（分量外的中筋麵粉），藉以在烘烤後呈現柔和色澤，斜向劃入割紋。

13 放入220℃的烤箱內烘烤15～17分鐘。

＊ Signifiant Signigié 店內是以270℃的烤箱烘烤15分鐘。

壓平排氣

第 1 次・舀起麵團

分為二邊，甩落時將一邊疊
放在另一邊上

靜置麵團 20 分鐘

第 2 次・大動作粗略地
用刮板混拌

第 3 次・用刮板舀起麵團
翻轉

第 3 次壓平排氣後

靜置麵團 20 分鐘

8　一次發酵後

9　取出麵團

10　將麵團推整成四方形

擺放胡桃

10 (接上頁) 撒上楓糖粉

單側朝中央折入

在折入的麵團上方重覆相同作業

將另一側的麵團朝中央覆蓋

篩撒麵粉

連同麵包墊一起翻面

11 從中央十字分切

分切成 8 等分

12 篩撒麵粉呈現柔和色澤

劃入 1 道割紋

楓糖胡桃：
完成後的切面

蘋果 & 伯爵茶：
完成後的切面

蔓越莓白巧克力：
完成後的切面

蜂蜜薑絲：
完成後的切面

蘋果＆伯爵茶

1～6、8、9、11～13 與楓糖胡桃相同。

7 的壓平排氣，請搭配以下的步驟。

第1次壓平排氣時，加入蘋果＆伯爵茶。

第2次和第3次壓平排氣時與楓糖胡桃相同。

蔓越莓白巧克力

1～6、8、9、11～13 與楓糖胡桃相同。

7 的壓平排氣，請搭配以下的步驟。

第1次壓平排氣前，加入白巧克力和蔓越莓。

大動作粗略地將麵團混拌均勻後，進行第1次的壓平排氣。

第2次和第3次壓平排氣，與楓糖胡桃相同。

蜂蜜薑絲

1、2 的揉和，請搭配以下的步驟。

揉和完成時的溫度，夏季約為20℃、冬季約為25℃。

將粉類與乾燥酵母菌放入塑膠袋內，束緊開口處，前後左右搖動使其混合。

在缽盆中放入鹽、麥芽糖漿液、海洋深層水和水一起混合溶化，加入蜂蜜薑絲一起混合。

3～6、8、9、11～13 與楓糖胡桃相同。

鄉村麵包 Pain de Campagne

加入了無花果或洋梨的鄉村麵包

製作鄉村麵包時，改變了添加的食材及外型
更能增添製作上的變化及樂趣。
在熬煮乾燥無花果時，為避免崩散地整顆放入是熬煮的重點。
少量製作時也請務必遵守配方比例。

準備

> **製作紅酒無花果。（完成時約6kg的分量）**

預備細砂糖1500g、水1500g、紅酒1500g、檸檬1.5顆、黑胡椒6g、粉紅胡椒6g、肉桂1.5根、月桂葉4.5片、香草莢1.5根、乾燥白無花果4500g、檸檬片1.5個。將紅酒和細砂糖放入鍋內混合並煮至沸騰。加入其餘的材料煮至無花果變軟為止，用小火約煮1小時。煮好的無花果分切成1/4。少量製作時仍請參考此配方比例。

> **製作半乾燥櫻桃酒漬洋梨。（方便製作的分量）**

半乾燥洋梨1kg、櫻桃酒500g。洋梨切成1cm塊狀，浸漬在櫻桃酒內1週左右。少量製作時仍請參考此配方比例。

材料（每種500g、7條的分量）

BIO Type 80（有機的法國產麵粉）	各250g	50%
Type 65（法國產麵粉）	各100g	20%
BIO Type 65（有機的法國產麵粉）	各100g	20%
Wangerland（裸麥粉）	各50g	10%
鹽	各9g	1.8%
麥芽糖漿液（稀釋比例1：1）	各4g	0.8%
法國長棍麵包的老麵	各15g	3%
＊製作好前2日的麵團（請參照P.11）		
乾燥酵母菌	各0.15g	0.03%
水	各390g	78%

副材料

紅酒無花果	350g	70%
半乾燥櫻桃酒漬洋梨	350g	70%

＊全部的材料除副材料之外，分量都相同。

揉和　揉和完成時的溫度23℃

1 在缽盆中各別放入鹽、麥芽糖漿液、水和撕碎的老麵，均勻混拌。將粉類與乾燥酵母菌放入塑膠袋內，束緊開口處，前後左右搖動使其混合。

2 在**1**中加入粉類，用手以固定方向轉動地進行混拌。混拌至某個程度後，邊用手抓握拉動邊揉和，至麵團開始產生彈力，不再沾黏缽盆為止。揉和完成的指標是可以整合成團的程度。

3 揉和完成後，放置在發酵箱20分鐘，靜置麵團。

4 用刮板進行壓平排氣。

＊ Signifiant Signigié店內，是採螺旋式攪拌機低速攪打3分鐘，中速15分鐘。但依攪拌機的機種不同，攪拌揉和的力道也會有很大的差異，因此攪拌揉和的時間及力道程度，別忘了請自行以目視確認麵團狀態再加以調整。

一次發酵

5 揉和完成的麵團放入17℃（濕度90%）的發酵箱內約15小時，進行一次發酵。發酵的指標，就像照片般麵團膨脹成1.7倍左右。

＊ 沒有發酵箱時，可以將麵團移至缽盆再覆蓋上塑膠袋等，放置於室溫中1小時（冬季3小時）後，再放入5℃的環境中（冰箱的蔬果保鮮室）約12小時，使其發酵。

分割・滾圓・整型（1個分量的麵團120g、無花果、洋梨各50g）

6 在麵包墊表面撒上適量的手粉（分量外的中筋麵粉），用手將麵粉按壓至麵包墊般地推開。在缽盆內麵團表面撒上麵粉（分量外），以刮板沿著缽盆邊緣插入幾次使側面麵團剝離缽盆，倒扣缽盆等待麵團自然落下。避免麵團沾黏地在表面撒上麵粉（分量外），將其分割成120g大小，輕輕整合麵團。

1 混拌材料 　　　撕碎老麵加入混拌 　　　**2** 用手轉動地進行混拌 　　　以固定方向混拌

用手抓握拉動 　　　　　　　　　　　揉和至產生彈力 　　　完成揉和

3 麵團放置於發酵箱內靜置 　　　**4** 壓平排氣 　　　　　　一次發酵前
20 分鐘

5 一次發酵後 　　　**6** 取出麵團 　　　分切成每個 120g

7 由身體方向朝外對折麵團。

8 用手將麵團推展成長方形，並輕拍平整麵團。

9 在麵團正中央放置無花果(或洋梨) 50g，由身體方向朝外、外側朝內，折疊成3折後捲成圓形，用指尖按壓麵團閉合接口處。

10 兩端也用指尖按壓使其閉合。

11 在麵包墊上前後滾動整形成棒狀，並延展成22cm的長度。

12 洋梨和無花果相同，如照片般整形成馬蹄型。

最後發酵

13 放置於28℃(略微溫暖之處)室溫下，20～30分鐘，進行最後發酵。最後發酵的指標是麵團膨脹成1.5倍。

烘烤

14 放入200℃的烤箱內烘烤25分鐘。

* Signifiant Signigié 店內是以260℃的烤箱烘烤25分鐘。

由身體方向朝外側對折

8 用手推展成長方形

用手輕拍平整麵團

在正中央放置無花果

由身體方向朝外，外側向
內，進行 3 折疊

指尖按壓使其貼合

10 閉合兩端

11 整形成 22cm 的長度

12 整形成馬蹄型

3 最後發酵後

無花果：
完成後的切面

洋梨：
完成後的切面

3
la pâte
signifiant
signifié

第3章
Signifiant Signigié 原創麵團
製作的甜麵包

外層麵團包覆著內層麵團烘烤出獨特的黑豆麵包、
或是加入焦糖蘋果的麵包。
添加與粉類等量糖漬栗子的庫克洛夫、在使用粉類上堅持的皮力歐許等，
介紹 Signifiant Signigié 原創麵團所製作出的甜麵包。
邂逅嶄新的麵團。

煮黑豆比例佔粉類90%的黑豆麵包
加入焦糖蘋果的 Reisonne
添加與粉類等量糖漬栗子的庫克洛夫
包裹著白巧克力外層的抹茶庫克洛夫
加入大量乾燥水果和紅酒堅果的德國史多倫聖誕麵包
使用斯佩爾特小麥粉的3種皮力歐許

黑豆麵包

添加煮黑豆的麵包

滿滿地包入了佔粉類比例 90% 的煮黑豆，
遠比外觀所見更具重量感的麵包。
與其說是麵包，不如說像是日式糕點般，充滿潤澤口感。
請注意捲起外層麵團時要避免空氣進入內層麵團中。

材料（粉類500g、4條的分量）

Mont Blanc（法國麵包用中筋麵粉）	350g	70%
全麥麵粉	100g	20%
Type 65（法國產麵粉）	50g	10%
鹽	9g	1.8%
有機細砂糖	50g	10%
麥芽糖漿液（稀釋比例1：1）	5g	1%
法國長棍麵包的老麵 ＊製作好前2日的麵團（請參照P.11）	15g	3%
南瓜泥	100g	20%
栗子粉（義大利皮埃蒙特產）	50g	10%
蛋黃	50g	10%
蜂蜜	25g	5%
牛奶	100g	20%
水	175g	35%

後續添加材料

奶油	100g	20%
煮黑豆	400g	80%

揉和　揉和完成時的溫度23℃

1 除了奶油與黑豆之外的材料，全都放入攪拌機鉢盆中，以中速攪打至9分的程度。加入後續添加材料的奶油，攪打揉和至奶油融於麵團，麵團開始產生光澤為止。取出360g做為外層麵團使用。在內層麵團中加入煮黑豆，以不會攪破黑豆的低速，大致混拌至均勻，就完成揉和作業了。

＊ Signifiant Signigié店內，是採螺旋式攪拌機低速3分鐘、中速12分鐘。但依攪拌機的機種不同，攪拌揉和的力道也會有很大的差異，因此攪拌揉和的時間及力道程度，別忘了請自行以目視確認調整。

一次發酵

2 揉和完成的麵團放入17℃（濕度90%）的發酵箱內約15小時，進行一次發酵。發酵的指標，就像照片般麵團膨脹成1.2倍左右。

＊ 沒有發酵箱時，可以將麵團移至鉢盆再覆蓋上塑膠袋等，放置於28℃（略微溫暖之處）室溫中約1小時（冬季3小時）後，再放入5℃的環境中（冰箱的蔬果保鮮室）約12小時，使其發酵。

分割・滾圓・整型（1個外層麵團分量90g、內層麵團290g）

3 在麵包墊表面撒上適量的手粉（分量外的中筋麵粉），用手將麵粉按壓至麵包墊般地推開。在鉢盆內麵團表面撒上麵粉（分量外），以刮板沿著鉢盆邊緣插入幾次使側面麵團剝離鉢盆，倒扣鉢盆等待麵團自然落下。避免麵團沾黏地在表面撒上麵粉（分量外），將外層麵團分割成90g、內層麵團分割成290g，輕輕整合麵團。

4 外層麵團用擀麵棍擀壓成薄片狀。用刷子撢落多餘的粉類。

5 內層麵團對折後整形成細長狀。

6 內層麵團放置在外層麵團正中央，包捲起來。用指尖將接口處捏緊閉合。

7 兩端也用指尖按壓閉合。

8 在麵包墊上前後滾動整型成25cm的長度。不需進行整型後的最後發酵。

烘烤

9 放入180℃的烤箱內烘烤25分鐘。

＊ Signifiant Signigié店內是以255℃的烤箱烘烤25分鐘。

1 揉和至9分程度。
分出360g作為外層麵團

內層麵團中加入煮黑豆混拌

2 一次發酵後（外層麵團）

一次發酵後（內層麵團）

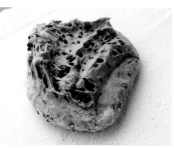

3 取出麵團（外層）

取出麵團（內層）

外層麵團分切成1個90g、
內層麵團分切成1個290g

4 將外層麵團擀壓成薄片狀

用刷子撢去多餘的麵粉

5 將內層麵團對折

整型成細長狀

6 在外層麵團上放置內層
麵團，包捲起來

用指尖捏緊閉合

7 閉合兩端

8 整型成25cm的長度

完成後的切面

焦糖蘋果麵包 Reisonne

包入焦糖蘋果的麵包

內層麵團向中央折疊般地整型成圓形。
包覆外層麵團時，重點訣竅就像包中式肉包般，
由四周將麵團捏起包覆即可。
硬質麵團搭配酸甜的蘋果風味，再適合不過了。

準備

> **製作焦糖蘋果。（方便製作的分量）**

削皮去核，切成1cm塊狀的蘋果600g、有機細砂糖120g、
奶油30g、蜂蜜適量、肉桂粉3g。在平底鍋中放入細砂糖、
奶油、蜂蜜，加熱至產生淡淡色澤時，加入蘋果塊。用大火翻
炒至總重量成為550g為止。最後依個人喜好撒上適量的肉桂
粉，與整體材料均勻混拌。移至缽盆上並緊貼地覆蓋上保鮮
膜。放於冰箱內冷卻。使用於焦糖蘋果麵包的部分(275g)，
先將糖漿與糖煮好的蘋果分開備用。

材料（粉類500g、3.5個分量）

全麥麵粉	150g	30%
Type 65（法國產麵粉）	100g	20%
Mont Blanc（法國麵包用中筋麵粉）	250g	50%
鹽	8g	1.6%
麥芽糖漿液（稀釋比例1：1）	4g	0.8%
法國長棍麵包的老麵	15g	3%
＊製作好前2日的麵團（請參照P.11）		
南瓜泥	100g	20%
蜂蜜	50g	10%
杏仁粉	50g	10%
膠原蛋白（Collagen）	10g	2%
賽洛美（Ceramide又稱神經醯胺）＊	1g	0.2%
牛奶	150g	30%
水	170g	34%
焦糖蘋果	275g	55%

編註：賽洛美（Ceramide又稱神經醯胺）為食品添加物，具保
水的效果。

揉和　揉和完成時的溫度24℃

1 除了焦糖蘋果之外的材料，全都放入攪拌機缽盆中，以中速攪打至8分程度。加入焦糖蘋果的糖漿，攪打揉和至9分程度。分出280g做為外層麵團使用。在內層麵團中加入焦糖蘋果，以低速混拌至均勻，就完成揉和作業了。

＊ Signifiant Signigié店內，是採螺旋式攪拌機低速3分鐘、中速15分鐘。但依攪拌機的機種不同，攪拌揉和的力道也會有很大的差異，因此攪拌揉和的時間及力道程度，別忘了請自行以目視確認調整。

一次發酵

2 揉和完成的麵團放入17℃（濕度90％）的發酵箱內約15小時，進行一次發酵。發酵的指標，就像照片般麵團膨脹成1.2倍左右。

＊ 沒有發酵箱時，可以將麵團移至缽盆再覆蓋上塑膠袋等，放置於28℃室溫中1小時（冬季3小時）後，再放入5℃的環境中（冰箱的蔬果保鮮室）約12小時，使其發酵。

分割・滾圓・整型（1個外層麵團分量80g、內層麵團240g）

3 在麵包墊表面撒上適量的手粉（分量外的中筋麵粉），用手將麵粉按壓至麵包墊般地推開。在缽盆內麵團表面撒上麵粉（分量外），以刮板沿著缽盆邊緣插入幾次使側面麵團剝離缽盆，倒扣缽盆等待麵團自然落下。避免麵團沾黏地在表面撒上麵粉（分量外），將外層麵團分割成每個80g、內層麵團分割成每個240g，輕輕整合麵團。

4 外層麵團用擀麵棍擀壓成薄片狀。用刷子撣落多餘的麵粉。

5 內層麵團，如照片般重覆向內折疊8～10次，再用手掌將其滾圓呈圓形。

6 內層麵團放置在外層麵團正中央，像包中式肉包般將外層麵團朝內聚攏，捏合接口處。整型成圓形後，接口處朝下。不需進行最後發酵。

烘烤

7 以濾網篩撒麵粉（分量外的中筋麵粉），藉以在烘烤後呈現柔和色澤，如照片般以剪刀剪出切紋。

8 放入180℃的烤箱內烘烤25分鐘。

＊ Signifiant Signigié店內是以250℃的烤箱烘烤25分鐘。

揉和至9分程度。分出
280g作為外層麵團

內層麵團加入焦糖蘋果

2 一次發酵後（外層麵團）

一次發酵後（內層麵團）

取出麵團（外層、內層）

外層麵團分切成1個80g

內層麵團分切成1個240g

4 將外層麵團擀壓成薄片狀

從外朝內折疊內層麵團

整型成圓形

6 在外層麵團上放置內層
麵團

像包中式肉包般將外層麵團
朝內聚攏，捏合接口處

整型成圓形。
接口處朝下

7 篩撒麵粉，剪出切紋

完成後的切面

庫克洛夫SS風格 Kouglof Signifiant Signigié Style

加入糖漬栗子的巧克力庫克洛夫

加入與粉類等量糖漬栗子的高糖油配方。

曾想以發酵糕點做為饋贈禮物，因而激發出這款庫克洛夫的誕生。

使用的是蛋白質含量較低的麵粉，因此在揉和時必須特別注意。

準備

> 預備直徑16cm的庫克洛夫模型。

> 巧克力和糖漬栗子切成2cm左右方便食用的大小。

材料（粉類500g、6個分量）

Type 65（法國產麵粉）	130g	26%
Mont Blanc（法國麵包用中筋麵粉）	125g	25%
BIO Type 65（有機的法國產麵粉）	75g	15%
栗子粉（義大利皮埃蒙特產）	125g	25%
全麥麵粉	25g	5%
Grist Mill（石臼碾磨的高筋麵粉）	20g	4%
鹽	9g	1.8%
有機細砂糖	50g	10%
法國長棍麵包的老麵 ＊製作好前2日的麵團（請參照P.11）	85g	17%
全蛋	50g	10%
蛋黃	150g	30%
可可粉	25g	5%
鮮奶油	75g	15%
牛奶＊第1次 ＊牛奶分2次加入	40g	8%

後續添加材料

牛奶＊第2次	50g	10%
奶油	265g	53%
有機細砂糖	100g	20%

後續添加材料

巧克力 （使用的是法芙娜Valrhona的 厄瓜多爾Equatoriale苦味巧克力和 孟加里Manjari巧克力各5%）	50g	10%
糖漬栗子	500g	100%

完成用

白蘭地糖漿（請參照P.15）	適量	—

> **關於庫克洛夫**
>
> 位於德法交界的阿爾薩斯地區，庫克洛夫即是當地廣為人知的傳統糕點，在德國則被稱為「Kugelhof」。「Kugel」是「圓形、球狀」的意思，而「hof」則是德文中「僧帽」的意思。現在，以庫克洛夫模型（斜向彎曲的蜿蜒形狀）烘烤出的麵包都被稱為庫克洛夫。是法國或奧地利耶誕節時不可以或缺的傳統點心。也是大家熟知，瑪麗安東尼皇后最喜歡的糕點。

揉和　揉和完成時的溫度22℃

1 除了後續添加材料與完成用的材料之外（包括牛奶第1次的40g），全都放入攪拌機缽盆中，以低速攪打至粉類完全滲入吸收為止，接著改以中速攪打至9分的程度。

＊ Signifiant Signigié 店內，是採螺旋式攪拌機低速3分鐘、中速12分鐘。但依攪拌機的機種不同，攪拌揉和的力道也會有很大的差異，因此攪拌揉和的時間及力道程度，別忘了請自行以目視確認調整。

2 麵筋組織完成後，加入牛奶（第2次50g）揉和，使麵團變得柔軟。接著再加入後續添加材料的奶油和有機細砂糖，分數次加入，以低速緩慢攪打揉和至奶油完全融入，麵團出現光澤為止。

＊ 牛奶一開始就加入全部分量時，會使得麵團變得過度柔軟，因此第2次添加的時間點，是在麵筋組織完成後才加入。

＊ 為使放入麵團時溫度不致升高，奶油不放置於常溫而是在冰冷狀態下，用擀麵棍敲打後加入。

3 將巧克力和糖漬栗子加入麵團中，以低速迅速攪拌。

一次發酵

4 揉和完成的麵團放入17℃（濕度90%）的發酵箱內12小時，進行一次發酵。發酵的指標，就像照片般麵團膨脹成1.2倍左右。

＊ 沒有發酵箱時，可以將麵團移至缽盆再覆蓋上塑膠袋等，放置於25℃左右的室溫中4小時後，再放入5℃的環境中（冰箱的蔬果保鮮室）8小時，使其發酵。

分割‧滾圓‧整型（1個分量麵團200g）

5 在麵包墊表面撒上適量的手粉（分量外的中筋麵粉），用手將麵粉按壓至麵包墊般地推開。在缽盆內麵團表面撒上麵粉（分量外），以刮板沿著缽盆邊緣插入幾次使側面麵團剝離缽盆，倒扣缽盆等待麵團自然落下。避免麵團沾黏地在表面撒上麵粉（分量外），分割成240g大小，輕輕整合麵團。

6 在麵包墊上用手對折麵團，像包覆住切口般地由麵團兩端對折，重覆此動作2次，再次對折。以手掌根部滾圓麵團，並輕輕整合麵團。

7 用手在庫克洛夫模型內塗抹奶油。

8 以食指在圓形麵團的正中央處插出孔洞，使其成為甜甜圈狀。用手指拉大中央孔洞，接口處朝下地放入模型中。用手將麵團填滿平整於模型內。

最後發酵

9 放入28℃（濕度80%）的發酵箱內3小時，進行最後發酵。最後發酵的指標是麵團膨脹成1.3倍。

＊ 沒有發酵箱時，為避免麵團乾燥可以用帆布巾等覆蓋，放置於28℃（略微溫暖之處）室溫下使其發酵。

烘烤

10 放入170℃的烤箱內烘烤45分鐘。

＊ Signifiant Signigié 店內是以210℃的烤箱烘烤40分鐘。

完成

11 放涼後，每個麵包以50g的白蘭地糖漿浸泡使其滲入。立即放入冷凍。

完成揉和

4 一次發酵後

5 取出麵團

分成 1 個 240g

對折麵團

再由兩端進行 2 次對折

手掌根部滾圓麵團

放在手掌上輕輕整合麵團

8 用食指插入刺出孔洞

用手指拉大孔洞

將麵團填滿平整於模型內

9 最後發酵前

最後發酵後

11 使其浸泡糖漿

立即冷凍

完成後的切面

抹茶庫克洛夫

添加了甘露煮甜栗的抹茶庫克洛夫

抹茶與白巧克力組成的風味意外地令人驚艷。
若想要在中央部分放入漂亮的栗子時，請將栗子的重量也列入考量，
請放置在稍高的位置，才能烘烤出漂亮的成品。

準備
> 準備直徑8cm的塔模。

材料（粉類500g、20個分量）

3 GOOD（高筋麵粉）	150g	30%
Mont Blanc（法國麵包用中筋麵粉）	150g	30%
Type 65（法國產麵粉）	100g	20%
丹沢產栗子粉（日本栗子粉）	100g	20%
鹽	6g	1.2%
有機細砂糖	50g	10%
法國長棍麵包的老麵 ＊ 製作好前2日的麵團（請參照P.11）	85g	17%
全蛋	100g	20%
蛋黃	100g	20%
香草莢（僅用香草籽）	1支	—
抹茶	27.5g	5.5%
鮮奶油	100g	20%
牛奶＊第1次 ＊ 牛奶分2次加入	100g	20%

後續添加材料

牛奶＊第2次	25g	5%
奶油	250g	50%
有機細砂糖	100g	20%
甘露煮甜栗	20個	—

完成用

白巧克力	500g	—
白蘭地糖漿（請參照P.15）	200g	—

揉和　揉和完成時的溫度22℃

1 除了後續添加材料與完成用的材料之外(包括牛奶第1次的100g)，全都放入攪拌機缽盆中，以低速攪打至粉類完全滲入吸收為止，接著改以中速攪打至9分的程度。

* Signifiant Signigié店內，是採螺旋式攪拌機低速3分鐘、中速10分鐘。但依攪拌機的機種不同，攪拌揉和的力道也會有很大的差異，因此攪拌揉和的時間及力道程度，別忘了請自行以目視確認調整。

2 麵筋組織完成後，加入牛奶(第2次25g)揉和，使麵團變得柔軟。接著再加入後續添加材料的奶油和有機細砂糖，分數次加入，以低速緩慢攪打揉和至奶油完全融入，麵團出現光澤為止。

* 牛奶一開始就加入全部分量，會使得麵團變得過度柔軟，因此第2次添加的時間點，是在麵筋組織完成後才加入。

一次發酵

3 揉和完成的麵團用寬大的塑膠袋覆蓋，放入17℃(濕度90%)的發酵箱內約15小時，進行一次發酵。發酵的指標，就像照片般麵團膨脹成1.2倍左右。

* 沒有發酵箱時，可以將麵團移至缽盆再覆蓋上塑膠袋等，放置於25℃左右的室溫中6小時後，再放入5℃的環境中(冰箱的蔬果保鮮室)9小時，使其發酵。

分割‧滾圓‧整型
(1個分量麵團50g、甘露煮甜栗1個)

4 在麵包墊表面撒上適量的手粉(分量外的中筋麵粉)，用手將麵粉按壓至麵包墊般地推開。在缽盆內麵團表面撒上麵粉(分量外)，以刮板沿著缽盆邊緣插入幾次使側面麵團剝離缽盆，倒扣缽盆等待麵團自然落下。避免麵團沾黏地在表面撒上麵粉(分量外)，分切成50g大小，輕輕整合麵團。分切後不需進行中間發酵。

5 用手掌推展麵團成圓形，在正中央略高處放置甘露煮甜栗，如照片般用指尖按壓麵團，使前後左右的麵團緊貼閉合。

* 甘露煮甜栗在烘烤時，因栗子的重量會向下沈，所以要放在稍高的位置。

6 用手在模型內塗抹奶油，接口處朝下地放置於模型中。

最後發酵

7 邊視麵團發酵狀況，邊放入28℃(濕度80%)的發酵箱內約3小時，進行最後發酵。最後發酵的指標是麵團膨脹成1.5倍。

* 沒有發酵箱時，為避免直接接觸到麵團地用保鮮膜覆蓋，放置於28℃(略微溫暖之處)室溫下使其發酵。

烘烤

8 放入180℃的烤箱內烘烤20分鐘。

* Signifiant Signigié店內是以215℃的烤箱烘烤18分鐘。

完成

9 放涼後，每個麵包以10g的白蘭地糖漿浸泡使其滲入。放入冰箱冷藏，待滲入其中的糖漿乾燥後，再澆淋上以熱水隔水加熱融化的白巧克力。放入冰箱冷藏使白巧克力凝固。

完成揉和

3 一次發酵後

取出麵團

4 分切成 1 個 50g

推展開麵團，放入甘露
煮甜栗

用指尖按壓麵團，使前後左
右的麵團緊貼閉合

完成閉合接口

6 接口處朝下地放入模型內

7 最後發酵後

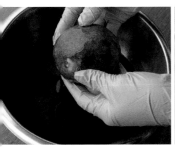
使糖漿滲入其中

澆淋上白巧克力

完成後的切面

德國史多倫聖誕麵包 Stollen

Signifiant Signigié 原創的史多倫聖誕麵包

中種揉和完成溫度，與正式揉和完成的溫度不同，請務必多加留意。
添加紅酒醃漬的乾燥水果和堅果時，
請務必將麵團揉和至顏色改變為止。

準備

> **製作打發奶油。**
>
> 預備奶油225g、有機細砂糖150g、鹽4g。將放置於室溫變軟的奶油和鹽、有機細砂糖放入缽盆中，用攪拌器摩擦奶油般地進行混拌攪打。混拌至奶油、鹽和糖均勻且顏色開始變白為止。當粒顆的感覺消失時即已完成攪拌了。放置於冰箱3小時冷卻。

> **製作紅酒醃漬的乾燥水果和堅果。（方便製作的分量）**
>
> 預備夏威夷果4kg、剝好的核桃2kg、杏仁果1kg、酸櫻桃2kg、葡萄乾1kg、紅酒1.5kg、義大利渣釀白蘭地（grappa）1.5g、黑醋栗利口酒750g。將全部材料一起浸泡1週。用於史多倫聖誕麵包時，先取出750g的酒漬乾燥水果和堅果。少量製作時仍請參考此配方比例。

材料（粉類500g、約7條分量）

中種

BIO Type 65（有機的法國產麵粉）	100g	20%
Type 65（法國產麵粉）	100g	20%
有機細砂糖	50g	10%
法國長棍麵包的老麵 ＊製作好前2日的麵團（請參照P.11）	50g	10%
鮮奶油	175g	35%
香草莢（僅用香草籽）	1/2支	－
奶油	75g	15%

正式揉和

Grist Mill（石臼碾磨的麵包用高筋麵粉）	150g	30%
3 GOOD（高筋麵粉）	150g	30%
有機細砂糖	100g	20%
乾燥酵母菌	10g	2%
中種	全部分量	－
打發奶油	全部分量	－

後續添加材料

酒漬乾燥水果和堅果	750g	－

完成用

和三盆糖	適量	－

製作中種　揉和完成時的溫度26℃

1 製作中種。混合鮮奶油、有機細砂糖和香草籽，撕下老麵加入混拌。混拌粉類、加入奶油，像以手指切開、抓握般地使麵團均勻地揉和。以用手拿起缽盆中的麵團，會啪嗒掉落的程度，表示揉和完成，比麵包麵團稍稍柔軟的程度。

＊ Signifiant Signigié店內，中種製作是採螺旋式攪拌機，低速3分鐘、高速1分鐘。正式揉和則是低速3分鐘、高速3分鐘。但依攪拌機的機種不同，攪拌揉和的力道也會有很大的差異，因此攪拌揉和的時間及力道程度，別忘了請自行以目視確認調整。

2 放入28℃(濕度80%)的發酵箱3小時後，再放入5℃的環境中(冰箱的蔬果保鮮室) 3小時，進行一次發酵。

＊ 沒有發酵箱時，可以將麵團移至缽盆再覆蓋上塑膠袋等，放置於28℃的室溫中3小時後，再放入5℃的環境中(冰箱的蔬果保鮮室) 3小時，使其發酵。

正式揉和　揉和完成時的溫度18℃

3 正式揉和。混拌冰冷的打發奶油、一次發酵後的中種、正式揉和用的粉類以及乾燥酵母菌，用手指邊打散粉類邊使其混拌。混拌至材料呈鬆散狀態時，用手以身體重量按壓揉和。

4 正式揉和完成的麵團中，分切出外層麵團用的540g。

1　製作中種

揉和

彷彿以手指切開般混拌

抓握般混拌

揉和至材料融合

完成揉和的中種

2　中種一次發酵後

3　上為中種、
　　下為打發奶油

進行正式揉和

邊用手指壓散邊混拌

混拌至呈鬆散狀

用身體重量按壓揉和

4　分切出 540g 外層麵團

5 在其餘的麵團中加入後續添加的酒漬乾燥水果和堅果混拌，充分揉和至麵團顏色產生變化為止。若麵團過於柔軟，可以在此時補充粉類。

分割‧滾圓‧整型（1個外層麵團分量90g、內層麵團220g）

6 在麵包墊表面撒上適量的手粉（分量外的中筋麵粉），用手將麵粉按壓至麵包墊般地推開。在鉢盆內麵團表面撒上麵粉（分量外），以刮板沿著鉢盆邊緣插入幾次使側面麵團剝離鉢盆，倒扣鉢盆等待麵團自然落下。

7 外層麵團分割成每個90g，輕輕用手掌整合麵團。內層麵團分割成每個220g，輕輕整合麵團。在麵包墊上輕輕滾動整型成14cm的圓筒狀。

8 在麵包墊上撒放手粉（分量外的中筋麵粉），將外層麵團用擀麵棍擀壓成薄片狀。

9 將內層麵團放置在外層麵團上，包捲起來。用指尖將接口處捏緊閉合。

10 兩端也用指尖按壓閉合。

11 在麵包墊上前後滾動，整型成15cm的長度。不需進行最後發酵。

烘烤

12 放入160℃的烤箱內烘烤60分鐘。

＊ Signifiant Signigié店內是以210℃的烤箱烘烤60分鐘。

完成

13 浸入澄清奶油（分量外）之後，冷凍。充分冷卻後再將和三盆糖撒在整體麵包上。

混拌入後續添加材料

充分揉和

外層麵團與內層麵團

外層麵團分割成每個 90g

輕輕整合麵團

內層麵團分割成每個 220g

輕輕滾動麵團

整形成 14cm 的圓筒狀

8 用擀麵棍擀壓外層麵團

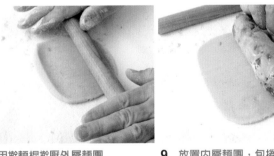

9 放置內層麵團，包捲起來

10 閉合兩端

11 在麵包墊上滾動

整合成 15cm 長度

完成後的切面

斯佩爾特小麥的皮力歐許 Spelt Brioche

拿鐵魯 Nanterre、阿特多 à tête、磅蛋糕模型
以古代小麥斯佩爾特(Spelt)小麥製成皮力歐許的變化

使用古代小麥、利用三種不同模型變化的皮力歐許。
古代小麥中存留的基因數量與現今小麥不同，
對麵粉過敏的人對這種小麥沒有敏感反應。
而且也不會持別難以處理或保存，請務必試著挑戰看看。

＊拿鐵魯和阿特多是以原味麵團，磅蛋糕模則是加入了
橙皮的麵團來製作。

材料(每種粉類500g、拿鐵魯4條、阿特多36個、磅蛋
糕模4～5條的分量)

Spelt斯佩爾特麵粉	各500g	100%
鹽	各8.5g	1.7%
有機細砂糖	各60g	12%
法國長棍麵包的老麵 ＊製作好前1日的麵團(請參照P.11)	各25g	5%
乾燥酵母菌	各3.5g	0.7%
蛋黃	各100g	20%
全蛋	各100g	20%
鮮奶油	各100g	20%
水	各135g	27%

後續添加材料

奶油	各250g	50%

＊以原味麵團製作拿鐵魯、阿特多時，請將上述材料全部增加成
2倍。

揉和　揉和完成時的溫度23℃

1 除了後續添加材料之外，全部材料放入攪拌機缽盆中，以高速攪打至8分程度。奶油分幾次加入，攪打揉和至如照片般麵團產生光澤為止。

＊ Signifiant Signigié店內，是採螺旋式攪拌機低速3分鐘、中速18分鐘。但依攪拌機的機種不同，攪拌揉和的力道也會有很大的差異，因此攪拌揉和的時間及力道程度，別忘了請自行以目視確認麵團狀態再加以調整。

＊ 加入橙皮的麵團(磅蛋糕模)，請在加入後續添加材料奶油後，再加入切碎的橙皮(150g)，用低速大致混拌。

一次發酵

2 揉和完成的麵團移至缽盆內，覆蓋上較寬大的塑膠袋，束緊袋口。
在10℃的發酵箱內約15小時，進行一次發酵。發酵的指標，就像照片般麵團膨脹成1.8倍左右。

＊ 沒有發酵箱時，可以將麵團移至缽盆再覆蓋上塑膠袋等，放置於28℃(略微溫暖之處)室溫下1小時後，放入5℃環境中(冰箱的蔬果保鮮室) 12小時，使其發酵。

分割・滾圓・整型

3 在麵包墊表面撒上適量的手粉(分量外的中筋麵粉)，用手將麵粉按壓至麵包墊般地推開。在缽盆內麵團表面撒上麵粉(分量外)，以刮板沿著缽盆邊緣插入幾次使側面麵團剝離缽盆，倒扣缽盆等待麵團自然落下。

拿鐵魯(1個40g)

分切成1個40g的大小，放在手掌上輕輕整合麵團。由麵團四周向內對折捏合，在手掌上滾圓。用手在模型內塗抹奶油，放入40g的麵團共8個。

阿特多(1個35g)

分切成1個35g的大小，放在手掌上輕輕整合麵團。在撒有手粉(分量外的中筋麵粉)的麵包墊上滾動麵團，由上端1/3處按壓像做雪人般壓出頭部。以手掌側面按壓出細頸部。用手在模型內塗抹奶油，右手拿著細頸部的位置，左手扶著固定，蘸了手粉的右手手指，抓著小圓頭部分，用力地向下按壓麵團。

完成揉和

完成揉和
（添加了橙皮）

2 各別覆蓋上塑膠袋

一次發酵後

一次發酵後
（添加了橙皮）

3 取出麵團

取出麵團
（添加了橙皮）

拿鐵魯：
分切成 1 個 40g

輕輕整合麵團

由麵團四周向內對折

再次對折

在手掌上滾圓

在模型中排入 8 個麵團

阿持多：分切成 1 個 35g

在上端 1/3 處形成凹陷

磅蛋糕模（1條300g、橙皮30～40g）

分切成1條300g，輕輕整合麵團。由身體方向朝外側對折，再對折，在手掌上滾圓，整形成棒狀。用手在模型內塗抹上奶油，放入麵團。輕輕按壓使麵團在模型內均勻平整。

最後發酵

4 拿鐵魯、阿特多、磅蛋糕模型都各別進行最後發酵。

拿鐵魯放入28℃（濕度80%）的發酵箱內1小時30分。

阿特多放入28℃（濕度80%）的發酵箱內1小時。

磅蛋糕模放入28℃（濕度80%）的發酵箱內1小時15分鐘。

✳ 沒有發酵箱時，為避免麵團乾燥可以用帆布巾等覆蓋，放置於28℃（略微溫暖之處）室溫下，使其發酵。

烘烤

5 在拿鐵魯、阿特多、磅蛋糕模型表面各別用刷子刷塗上蛋液（分量外）。拿鐵魯和加入橙皮麵團的磅蛋糕模，以170℃的烤箱烘烤30分鐘。

✳ Signifiant Signigié店內是以210℃的烤箱烘烤30分鐘。

阿特多以210℃的烤箱烘烤12分鐘。

✳ Signifiant Signigié店內是以250℃的烤箱烘烤12分鐘。

用手掌側面按壓出細頸部

做出細頸部及頭部

拿著細頸部按壓至模型中

用力向下按壓

5 最後發酵後，表面以刷子刷塗蛋液。

磅蛋糕模：
分切成 1 個 300g

重覆對折的動作

在麵包墊上前後滾動

整形成棒狀

將麵團放入模型內

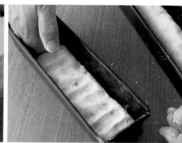

輕壓模型內的麵團使其平整

拿鐵魯：
完成後的切面

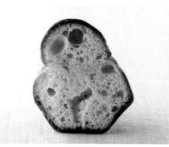

阿特多：
完成後的切面

磅蛋糕模：
完成後的切面

志賀勝榮 Katsuei Shiga

1955年出生於新潟縣。在(株)ART COFFEE之後，於「Cafe ARTIFAGOSE」(東京・代官山)擔任麵包師。自2000年起在(株)JUCHHEIM「Patisserie Peltier」(東京・赤坂)、「JUCHHEIM DIE MEISTER」(東京・丸之内店)以及「Fortnum & Mason」(東京・日本橋)擔任麵包主廚。2006年10月在世田谷區・下馬開設「Signifiant Signifié」手工麵包店。著有「用酵母思考麵包的製作」(出版菊文化)、DVD則有「Signifiant Signigié麵包製作」。於桜美林大學不定期的開設教學講座。

Signifiant Signigié シニフィアン・シニフィエ

東京都世田谷区下馬2-43-11 COMS SHIMOUMA

03-3422-0030

http://www.artandcraft.jp/ss/

＊麵粉、賽洛美(Ceramide又稱神經醯胺)、膠原蛋白等不太容易取得的食材，部分在Signifiant Signigié販售。若需洽詢，請利用首頁的郵件信箱連絡。

設計／中村善郎（Yen）
攝影／うらべひでふみ
企畫、編輯、排版、造型／やぎぬまともこ
食材協助／クオカ　http://www.cuoca.com
　　　　　日高乳業
　　　　　bosco
採訪協助／桜美林大学アカデミー
　　　　　http://www.second-academy.com

系列名稱 / Joy Cooking

書　　名 / 志賀勝榮的麵包：Signifiant Signigié對美味的極致追求

作　　者 / 志賀勝榮

出版者 / 出版菊文化事業有限公司

發行人 / 趙天德　　總編輯 / 車東蔚

翻　　譯 / 胡家齊

文 編・校 對 / 編輯部　　美　編 / R.C. Work Shop

地　　址 / 台北市雨聲街77號1樓

TEL / (02)2838-7996　　FAX / (02)2836-0028

初版日期 / 2015年2月

定　　價 / 新台幣360元

ISBN / 9789866210334　　書　號 / J105

讀者專線 / (02)2836-0069

www.ecook.com.tw

E-mail / service@ecook.com.tw

劃撥帳號 / 19260956大境文化事業有限公司

國家圖書館出版品預行編目資料

志賀勝榮的麵包：Signifiant Signigié對美味的極致追求

　　志賀勝榮 著；--初版.--臺北市

出版菊文化，2015[民104]　96面；22×28公分.

（Joy Cooking；J105）

ISBN 9789866210334

1.點心食譜　2.麵包　　　427.16　　　104000008